我的第一本科学漫画书

升级版

科学实验王

KEXUE SHIYAN WANG

13 **物质的特性**
WUZHI DE TEXING

［韩］小熊工作室/著
［韩］弘钟贤/绘
徐月珠/译

21 二十一世纪出版社集团
21st Century Publishing Group

通过实验培养创新思考能力

少年儿童的科学教育是关系到民族兴衰的大事。教育家陶行知早就谈道："科学要从小教起。我们要造就一个科学的民族，必要在民族的嫩芽——儿童——上去加工培植。"但是现在的科学教育因受升学和考试压力的影响，始终无法摆脱以死记硬背为主的架构，我们也因此在培养有创新思考能力的科学人才方面，收效不是很理想。

在这样的现实环境下，强调实验的科学漫画《科学实验王》的出现，对老师、家长和学生而言，是件令人高兴的事。

现在的科学教育强调"做科学"，注重科学实验，而科学教育也必须贴近孩子们的生活，才能培养孩子们对科学的兴趣，发展他们与生俱来的探索未知世界的好奇心。《科学实验王》这套书正是符合了现代科学教育理念的。它不仅以孩子们喜闻乐见的漫画形式向他们传递了一般科学常识，更通过实验比赛和借此成长的主角间有趣的故事情节，让孩子们在快乐中接触平时看似艰深的科学领域，进而享受其中的乐趣，乐于用科学知识解释现象，解决问题。实验用到的器材多来自孩子们的日常生活，便于操作，例如水煮蛋、生鸡蛋、签字笔、绳子等；实验内容也涵盖了日常生活中经常应用的科学常识，为中学相关内容的学习打下基础。

回想我自己的少年儿童时代，跟现在是很不一样的。我到了初中二年级才接触到物理知识，初中三年级才上化学课。真羡慕现在的孩子们，这套"科学漫画书"使他们更早地接触到科学知识，体验到动手实验的乐趣。希望孩子们能在《科学实验王》的轻松阅读中爱上科学实验，培养创新思考能力。

北京四中　物理教研组组长　物理高级教师　厉璀琳

伟大发明大都来自科学实验!

所谓实验,是为了检验某种科学理论或假设而进行某种操作或进行某种活动,多指在特定条件下,通过某种操作使实验对象产生变化,观察现象,并分析其变化原因。许多科学家利用实验学习各种理论,或是将自己的假设加以证实。因此实验也常常衍生出伟大的发现和发明。

人们曾认为炼金术可以利用石头或铁等制作黄金。以发现"万有引力定律"闻名的艾萨克·牛顿(Isaac Newton)不仅是一位物理学家,也是一位炼金术士;而据说出现于"哈利·波特"系列中的尼可·勒梅(Nicholas Flamel),也是以历史上实际存在的炼金术士为原型。虽然炼金术最终还是宣告失败,但在此过程中经过无数挑战和失败所累积的知识,却进而催生了一门新的学问——化学。无论是想要验证、挑战还是推翻科学理论,都必须从实验着手。

主角范小宇是个虽然对读书和科学毫无兴趣,但在日常生活中却能不知不觉灵活运用科学理论的顽皮小学生。学校自从开设了实验社之后,便开始经历一连串的意外事件。对科学实验毫无所知的他能否克服重重困难,真正体会到科学实验的真谛,与实验社的其他成员一起,带领黎明小学实验社赢得全国大赛呢?请大家一起来体会动手做实验的乐趣吧!

目录

第一部 回旋镖达人　　　　11

[实验重点] 掷回力棒的方法

金头脑实验室　制作大理石纹图画、制作色素层析图

第二部 有惊无险　　　　41

[实验重点] 铁与硫混合物的分离、
化合物与混合物的差别、
纯物质的界定与范例、过敏性反应

金头脑实验室　改变世界的科学家——居里夫人

第三部 不怀好意的握手　　66

[实验重点] 刺激与反应、化学反应的种类

金头脑实验室　原油的分馏

第四部 群龙无首　　　　92

[实验重点] 银镜反应、燃烧的条件、金属的焰色实验

金头脑实验室　过氧化氢分解实验

第五部 谁是赢家？谁是输家？128

[实验重点] 氧气与漂白、原子的构造

金头脑实验室 银镜反应实验

第六部 大病初愈 158

[实验重点] 火焰的原理、氧化反应的过程、沙金采集方法

金头脑实验室 什么是物质、物质的分类

人物介绍

范小宇

所属单位：黎明小学实验社

观察内容：

· 与带病上阵进行实验的江士元发生激烈的言语冲突。

· 将在生活中获得的常识，发展成为与比赛主题有关的实验。

· 对于为了赢得比赛而不择手段的对手，以讽刺的言语提醒其注意实验精神。

观察结果：在临危之际做出扭转情势的判断，让黎明小学实验社成为比赛的主角。

江士元

所属单位：黎明小学实验社

观察内容：

· 体质相当特殊，对200多种物质过敏，包含花朵和水果。

· 在比赛期间，因一时疏忽让对手知道自己没有服用抗过敏药物而陷入困境。

观察结果：一向认为自己必须扛起重大责任，因实验社的成长而逐渐感到欣慰。

罗心怡

所属单位：黎明小学实验社

观察内容：

· 因得知校方安排自己和士元进行一场只有两个人参与的实验练习而感到害羞。

· 因为从士元身上领悟到自己能力不足而感到慌乱。

· 在实验社成员因实验失败而陷入绝望之际，及时提供一个令人惊奇的实验材料。

观察结果：由于士元无法参加比赛，心理上产生莫大的负担，但从其他队友认真、努力的态度中获得了勇气。

何聪明

所属单位：黎明小学实验社

观察内容：

· 无意中破坏了小宇的回力棒实验。

· 在比赛初期，回想士元教过自己的实验内容，顺利辅助心怡完成实验。

观察结果：比赛中因一时疏忽而没有掌握实验内容，结果让自己面临无法撰写报告的窘境。

艾力克

所属单位：大星小学实验社

观察内容：

· 在观战黎明小学实验社的比赛时，为士元的机智感到惊讶。

· 为了向柯有学老师报一箭之仇，不怀好意地鼓动心怡一定要进入总决赛。

观察结果：自从自己的请求遭到柯有学老师拒绝后，开始认为自己一无是处、一无所有，进而陷入绝望的状态。

田在远

所属单位：未来小学实验社

观察内容：

· 了解到掷回力棒游戏中也含有科学原理。

· 总是喜欢来无影去无踪，让比赛会场的很多人吓破胆。

观察结果：始终认为小宇正替自己做该做的事情，因而感到愧疚。

其他登场人物

❶ 始终默默为孩子们加油打气的柯有学老师。

❷ 企图以阴谋让黎明小学实验社陷入危机的大田小学实验社。

❸ 不留情面地蔑视小宇的许大弘。

第一部 回旋镖达人

唧唧

全国实验 会场 →

第二轮比赛前一天

嚓！

完成了！

铛！

当心怡看完跆拳道比赛回来时，我可要在她面前呈现一场完美演出。我猜她一定会很感动的！

这么说……

一定就是那个家伙！

哈哈哈，老师我做到了！

了不起！

又是你啊？黎明小学最无知的范小宇！

看来你终于懂得以玩游戏来取代自己毫不擅长的实验了呢！

这倒是一个不错的想法，不过你怎么可以玩这种会打伤人的游戏呢？

在你眼中这只是一种游戏吗？

总之，这只是实验中的一场意外，你就体谅一下吧！

哼，实验？

回力棒是以旋转轴为中心做回旋式飞行，在旋臂的上下两侧产生压力差，

以旋转轴为中心旋转

嗖嗖嗖

通过压力差改变旋转轴的方向

会使飞行方向与速度产生变化，进而转向飞回来！

抛！

沙⋯⋯

呼吧

难不倒我！

飞了！

飞吧！

等着看吧，它一定会飞回来的！

呼呼呼

咦？

29

飞起来了！

哇！

真的飞回来了呢！

没问题！

接下来保持两只手掌面对面，

并以这个手势接住飞回手掌之间的回力棒。

成功了!

我终于办到了!

你……你看到了吗?

您现在总算可以离开了吧。

拥抱

惊吓!!

了不起!

真是了不起!

请您跟我保持2米的距离。

所有物质皆有它的特性,只要了解空气的特性,就可以完全掌握并利用空气的运动。

物……物质?

物质的特性？

我会知道是因为我也是参加全国实验大赛的一分子。

对了，你提过你也是实验社的成员吧？

是。

沙沙

我……

我问你哟，

你和小倩关系好吗？

当然喽！

吓？

此……此话当真？

是的，我今天还跑去远远地望着她呢。

呼呼

嗯？

咕噜噜噜

远远地望着她？你这算哪门子的关系好啊？

又在胡说八道了！

最起码要一起喝饮料、一起吃汉堡包的关系，才算好吧！

……

呼

所谓关系好，并不是一定要一起做某些事。

不然呢？

就是因为大部分的人都这样想，

才使得人变得更加不幸。

嗯？

那么……应该怎样想呢？

重点是心态。

你如果希望跟你关系好的那个人过得幸福快乐，

就得先了解你的心态够不够成熟，是否能够永远祝福对方幸福。

心态够不够成熟？

话是没错啦，但什么事情都一起做不是更好吗？

哈哈

哗啦啦

前提是对方也喜欢这样。

轰隆隆

否则，结果就是……

只能祝福对方能够和她所喜欢的人在一起玩。

一闪

和她所喜欢的人？

难道心怡更喜欢跟士元一起玩……

垮垮垮

这种事……

沮眼

汪汪

轰轰轰轰轰

我做不到！你休想给我洗脑！

哗哗哗哗

这么做实在太没出息了！她一定更喜欢跟我一起玩！

斗志

实验1　制作大理石纹图画

　　因为不同物质的分子种类及分子构造存在差异，因此作为调制溶液的溶质时，往往需搭配不同的溶剂。例如物质分子若带有极性[1]，则具有可溶于水的性质。水是很常见的溶剂，但并不是所有物质都可溶于水，例如把水和色拉油混合在一起时，会分成明显的两层，表示油与水不能相溶。而大理石纹就是利用这一原理制造出来的。利用油性染料和水，我们也可以轻易制作出大理石纹图画。

准备物品： 脸盆 、各种颜色的油性染料 、吸管 ╱、图画纸 ◇

❶ 在脸盆中加入半盆水。

注意滴入的剂量不要太多，以免达不到预期的效果。

❷ 在水面上滴入几滴各种颜色的油性染料。

❸ 利用吸管慢慢搅拌，使各种颜色的染料均匀混合。

沙

❹ 将图画纸轻放于水面后，再立即取出。

注[1] **极性：** 如果分子内的电荷分布不均匀就会带有极性。极性物质可溶于极性溶剂中。

5 观察吸附在图画纸表面的各种纹路。

这是什么原理呢？

油性染料的分子具有疏水性*，会排斥水分子，不会溶于水，相对来说比较容易吸附在纸上。由于油性染料的密度比水低，因此会浮在水的上层。此时将图画纸轻轻放上去，油性染料便会吸附在纸的表面，自然形成图腾般的纹路。

实验2　制作色素层析图

色层分析法是一种利用色素在固体上附着力的差异，来分离混合物的方法。其优点在于操作方法非常简单，操作时间短，并且能够分离极少量的混合物。色层分析法不仅可以分离油性笔或叶片中的色素，也可以分离血液或尿液的成分，因而常被用来检测运动员是否服用违禁药物。现在就准备一张滤纸，观察绿色的菠菜汁到底含有多少其他的色素吧。

准备物品： 菠菜 🥬、研钵 🥣、丙酮 🧴、汤匙 🥄、纸杯 🥤、

图画纸 ▱、笔 🖊、橡皮圈 ⬭

1 先将菠菜放入研钵内磨成泥状。

2 将研磨好的菠菜泥倒入纸杯。

＊ **疏水性：** 分子与水互相排斥的性质。疏水性分子不具有极性，在水中会聚成一团。

❸ 将丙酮倒入装有菠菜泥的纸杯中，并用汤匙搅拌均匀。

❹ 将图画纸缠绕在笔上，并用橡皮圈固定。

❺ 将缠绕图画纸的笔直立于纸杯中，使图画纸底部浸泡在菠菜汁中约1厘米的深度。

❻ 静待30分钟至1小时后，将笔取出，展开图画纸，观察呈现在图画纸上的各种色层。

这是什么原理呢？

　　菠菜中含有许多具有颜色的物质，如叶绿素a（蓝绿色）、叶绿素b（黄绿色）、叶黄素（黄色）及β胡萝卜素（橘黄色）等。当这些物质沿着图画纸向上移动时，由于各自在纸上的吸附力不同，导致产生扩散程度的差异。此时，吸附力较强的色素移动较缓慢，会停在比较近的位置；而吸附力较弱的色素则移动较快速，因此停在比较远的位置。

43

等我们真的……

拿到冠军后，再看到此时此刻的照片，不知道有多好！

哇！我早就料到会拿到冠军了！

哇

我们办到了！

这种无聊的想法只会让你浪费时间！

对哟！对不起！

今天我们就来做一个关于混合物分离的实验吧！

混合物分离？

你们这群人实在太小看我了！看我的！

笨蛋，都被你给搞砸了。

你是指之前和太阳小学比赛时做过的实验吧？

啊，我想起来了！

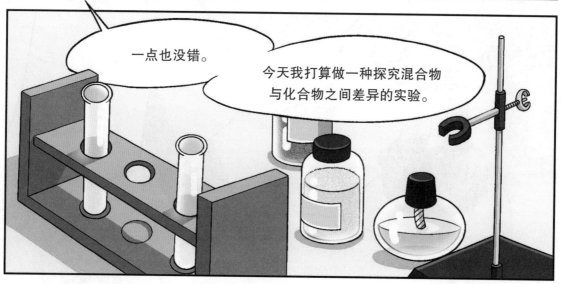

一点也没错。

今天我打算做一种探究混合物与化合物之间差异的实验。

47

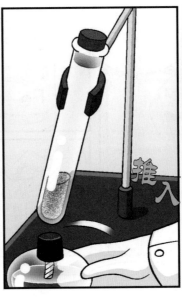

加热过的试管呢？

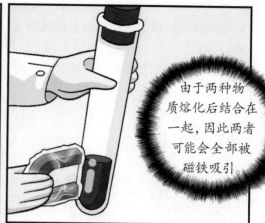

由于两种物质熔化后结合在一起，因此两者可能会全部被磁铁吸引。

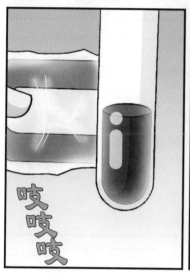

哎哎哎

咦？

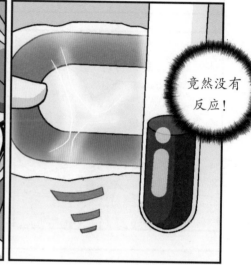

竟然没有反应！

里面明明有铁粉，但为什么对磁铁没有任何反应呢？

那是因为硫和铁两种物质起了化学反应，变成一种性质完全不同的化合物：硫化亚铁。

物质的特性也在变成化合物的瞬间完全变了样。

简单来说，所谓混合物是指多种纯物质经过物理方法[1]合成，并不会因此而失去其成分物质原有的特性，

而化合物则是经过化学反应，成分物质失去原有的特性。

物质特性竟然也会改变，化学反应真是太神奇了。

我完全没有想到铁也会失去它原有的特性。

简单地说，当一种变化过程中有物质改变成另一种新物质时，就是化学变化。若无法产生新物质，则为物理变化。

因此一定要先了解物质特性。

物质……

特性?

我懂了!

注[1]：不涉及物质原子重组的方法，例如混合、吸附、剪切、相态变化等。

听你这么一说，我才发现周围所有的东西都是物质呢！

包括空气、玻璃、水，还有这些东西也是……

没错，其实还有我们的身体。

啊，真的啊！

也就是说，这一切物质都是化合物喽？

不，不完全是。

自然界绝大部分物质均以混合物的形态存在，

其他则是呈现纯物质的状态。

纯物质是指由单一分子构成的物质。

纯物质？

化合物也属于纯物质的一种。

他到底在讲些什么呢？他真的是小学生吗？

53

啊，我懂了！

两种以上的物质经过化学反应后

所产生的新物质，也算是纯物质的一种喽！

没错，就像铁和硫结合后变成硫化亚铁一样。

慢着！那这支铅笔是混合物吗？

因为它是木头和铅笔芯混合而成的嘛！对吧？

无奈

冷淡

我……我错了吗？

我也知道我很笨，不过你就不能教我一下吗？转什么转？

心怡，你可以替我说明吗？

你根本就是问错问题了。

木头和铅笔芯并不是混合在一起，而只是单纯粘在一起罢了，它们并没有均匀混合。

不过，铅笔芯的确是一种由各种物质混合而成的混合物，

它包含了石墨、黏土等成分。

原来如此。

那空气呢？

空气中含有氮、氧、二氧化碳等物质，所以空气属于混合物。

那这一盒牛奶呢？

借我一下吧！

牛奶是一种由水与蛋白质、脂肪、糖等营养物质混合而成的混合物。

东看看

这里所有的一切都是混合物嘛！

难道只有硫化亚铁是纯物质？

西望望

55

我知道了！水是纯物质对吧？

笨蛋……

哼……

你骂我笨蛋？请你搞清楚，我在实验社可不是混的……

啊哈哈，士元是跟你开玩笑的。

水是由单一水分子所构成的，所以应该是纯物质。

哈，对吧？

好。

那一根试管……

啊，我的相机！

57

呃！

小心一点！
差一点就受伤了。

紧握

紧张

脸红⋯⋯

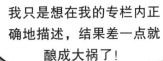

我只是想在我的专栏内正确地描述，结果差一点就酿成大祸了！

谢谢你，
士元。

我不应该把酒精灯放在桌子的边角⋯⋯都怪我粗心。

咚
咚
咚
咚 起身

是我不对。

行礼

不！没关系。

冷淡⋯⋯

如果知道
错了，就给我闪到
一边去！

58

该不会是在生我的气吧？

他究竟是怎么了？真是让人摸不着头脑！

看你这副担心的模样，何不追出去看看呢？

坐立 难安

什么？

他是对水蜜桃起了过敏反应。

我也很了解。

你看到他们手上拿的水蜜桃了吧？

对水蜜桃过敏？

是吗

原来你不知道啊？

水蜜桃

蜜蜂

蜂蜜

树木

花

士元他呀，

除了水蜜桃之外，对超过200种食品、花粉、药品有皮肤及呼吸道过敏，

因此需要每天服用药物。

壁虱

玉米

大麦

鸡蛋

饼干

药物

人工色素

这是真的吗？

但是服用药物的话，会出现打瞌睡且无法集中精神的副作用，

所以在比赛期间，他并没有服药。

喂！你要去哪里？你又想逃跑啊？

啊，原来如此……

你们去就好了。

我怎么会不知道呢？

我们几乎天天都在一起做实验。

你怎么又迟到了？

我怎么会没有察觉呢？

再说，我又是这么……

改变世界的科学家——居里夫人

居里夫人是生于波兰的法国物理学家和化学家，她一生献身科学，与居里先生同为镭元素的发现者。

19世纪末，科学家相继发现X射线与铀，并积极开展将放射线运用在医学领域的研究，但没有人能够理清放射线的来源。居里夫人和她的丈夫皮埃尔·居里通过研究发现，放射性是原子本身的性质，并以此作为基础，于1898年成功自天然铀矿找出"钋"和"镭"两种天然放射性元素。

（Marie S. Curie，1867—1934）
对于放射性现象具有重大贡献，并因此荣获两届诺贝尔奖。

由于居里夫人的这项伟大发现，使她在1903年和居里先生、贝可勒尔共同获得诺贝尔物理学奖。三年后，居里先生不幸因车祸去世，但居里夫人强忍心中的悲痛，继续努力研究镭的性质，不仅成功测得镭的原子量，同时也从铀矿中成功把镭分离出来，并因而在1911年获得诺贝尔化学奖。之后，居里夫人成立了居里实验室，对法国科学研究做出巨大贡献。但因长期受到放射线的照射，她罹患了白血病，在1934年去世。化学元素"锔"（Cm，原子序数96）就是为了纪念居里夫妇而命名的。为了纪念她的伟大成就，科学界将她的姓氏"居里"作为放射性活度的单位名称。（现在放射性活度国际单位为贝可勒尔，简称贝可。原单位居里已废止。）

难怪跟你在一起久了，我会感到全身无力！

原来你是一个带有辐射的人！

居里夫人博物馆
位于波兰华沙旧城区，由她的故居改建而成。这座博物馆主要展示居里夫人毕生研究的相关资料以及纪念照片等。

博士的实验室1

物质与能量

第三部

不怀好意的握手

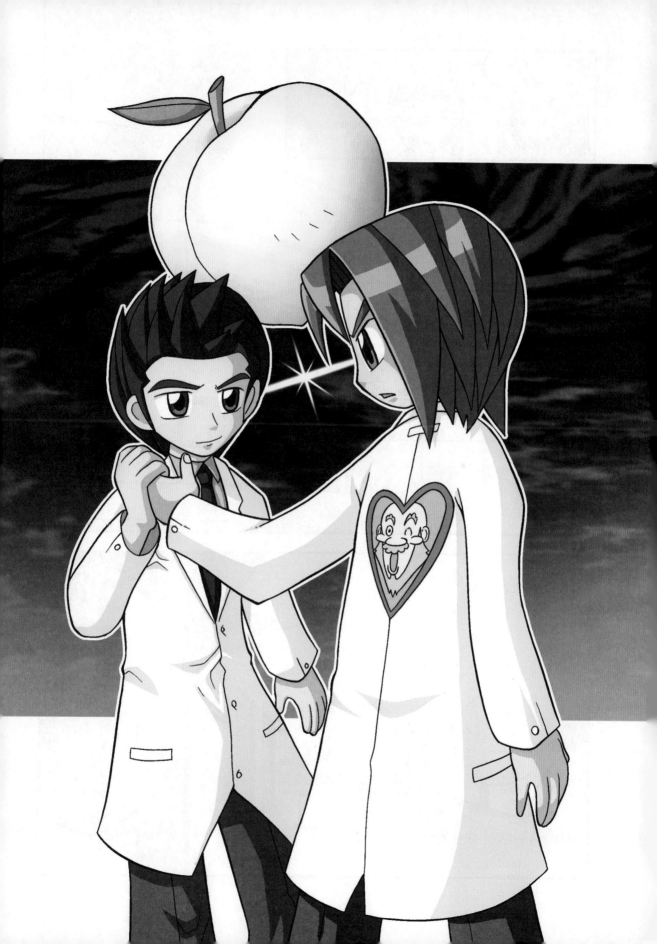

干吗?

咔嚓

休息室

惊讶

咚……

田……
田在远!

你怎么会
跑来这里?

73

转身

抓住!

吓?

你也太目中无人了吧?

即便我们是对手,彼此握个手也应该无伤大雅吧?

你还不放!

小子……

沙沙

给点面子嘛!

压

是指发生物理作用或化学作用的"反应"吗？

没错。

通过某种刺激使状态改变的，就称为反应。

哇哈哈哈

举例来说……

搔痒

这一种吗？

受到刺激后，他的状态起了变化呢！

爆炸

产生反应的领域非常广泛。

凡在生物界中产生的条件反应和非条件反应，

条件反应　非条件反应

我怎么会流口水

温度或压力，以及通过磁场使固体、液体和气体的状态产生变化的反应。

固体　液体

气体

因为温度所产生的水的状态变化

还有！

酸性　＋　碱性　→　中性

化学反应

物质通过彼此反应，生成全新物质的化学反应！

就是它，化学反应！

为什么？

对手是去年的冠军学校！

也只有进行难度较高的化学实验，才能一举击败对手的气势。

嘿嘿嘿……

小子啊！

你可以少说两句吗？

哈哈。

说到化学反应，它有很多种类，

因此……

其中应该也有与氧气有关的实验。士元，对吧？

对。

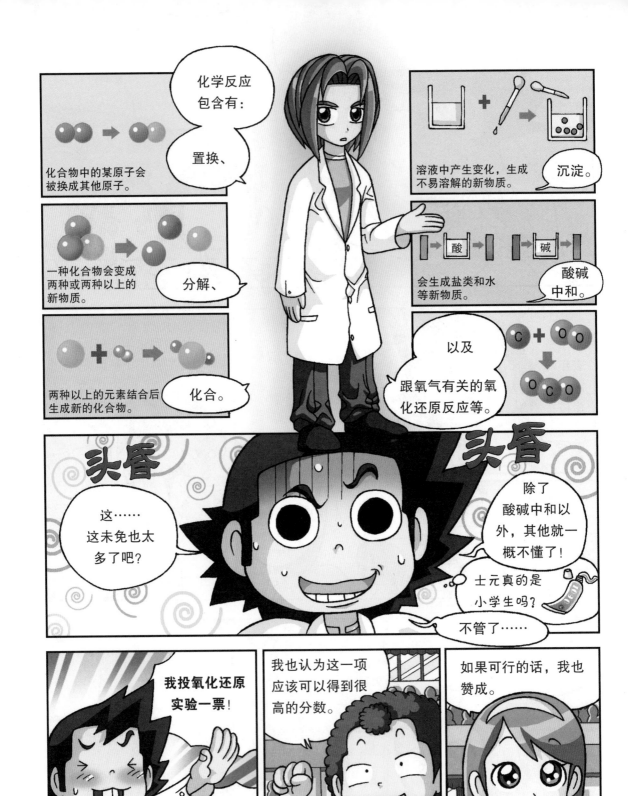

可行吗？

你觉得呢？

嘿嘿嘿……

真是想太多。

发飙！

什么！你这话是什么意思？

你给我解释清楚！

电子

原子核

原子的构造

给我听清楚，广义的氧化还原反应，并非一定跟氧原子有关。

你不但要了解原子的构造，甚至还要理解电子和离子的概念。它就是这么困难、复杂。

进行这类实验时，一不小心就有可能一败涂地。

啊？

紧张

真有这么困难？

你该不会是感到害怕吧？

……

啊……

85

好，我们就选择银镜反应实验！

那现在开始，就由我来说明准备物品和实验方法。

这项实验的关键在于药品的比例和顺序。

记得把化学式清楚地写在报告书中。

我们慢慢来吧！

好，我去准备最重要的药品。

我去准备实验器材！

我也要！

哦，好，
我这就去。

......

酒精灯我帮
你拿好了。

嗯！

咦？
等等。

你袖子上
面沾的是什
么东西啊？

我的天哪！
该不会是血吧？

心怡，你
受伤了吗？

不，
不是。

不是我，
是士元突然流
鼻血了。

士元？

呼......

原油的分馏

　　石油是我们日常生活中不可或缺的重要资源，被广泛作为各种交通工具、煤气炉或锅炉的燃料。石油原本是由各种碳氢化合物混合而成的混合物，未经加工的石油称为原油。

　　要将石油作为能源燃料使用，就必须先将原油中的不同化合物分离出来，而此时所使用的分离法就叫作"分馏法"。分馏法是利用物质的沸点差异，将原油加热到一定温度，使原油中的碳氢化合物变成不同的气体，每种气体在不同的温度下凝结成为液体，最后利用这种方式将石油分离成符合各种用途的产品。

　　分离自原油的各种产品，例如液化石油气、汽油、煤油、柴油、重油等，不仅可作为燃料，也可作为制造塑料或衣物的合成纤维以及制作药品的原料。

　　此外，蒸馏后的残渣油，还能成为沥青的原料。

石油生成过程

1. 数亿年前，动植物的尸体沉入浅海或湖的底部。

2. 由于地壳的运动，这些尸体会埋入很深的地底。

3. 其上面覆盖一层层的堆积物，例如泥浆、沙子、碎石等。

4. 在长时间的压力和热的作用下，便开始生成可燃性油品。

5. 建造油井，开始抽取原油。

原油分馏过程

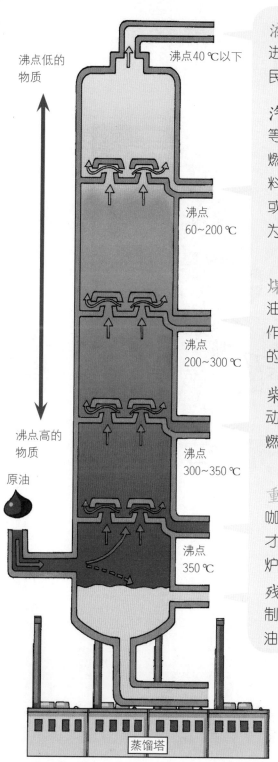

沸点低的物质

沸点40℃以下

沸点 60~200℃

沸点 200~300℃

沸点 300~350℃

沸点 350℃

沸点高的物质

原油

蒸馏塔

液化石油气： 将石油气在常温下进行加压液化后的产物，主要作为民用燃料或化工原料。

汽油： 广泛使用于汽车和航空、工业等领域。绝大部分的汽车都以汽油作为燃料，航空用汽油是螺旋桨飞机的燃料，工业用汽油则用于干洗、橡胶工业或涂料等。另外，汽油也可以作为化学药品与肥料的原料。

煤油： 在石油产品中最早开始使用的油品。以前煤油用来点亮路灯，现在则作为民用燃料与商用飞机燃料的主要原料。

柴油： 主要用于车辆、船舶的柴油发动机。与汽油相比，柴油能量密度高，燃油消耗率低。

重油： 沸点最高的油品，黑咖啡色，在分馏过程最终阶段才能提炼，主要作为船只或铜炉的燃料。

残渣油： 常用于加工制取石油焦、残渣润滑油、石油沥青等产品。

哇，这可真是物尽其用啊！

第四部

群龙无首

烧杯内生成沉淀物了!

真的!

这是什么?

这是硝酸银溶液和氢氧化钠稀溶液混合后

产生黑褐色氧化银的沉淀反应。

哈啊⋯⋯

哈啊⋯⋯

原来如此。

接着把稀氨水滴下去。

⋯⋯

嗯!

注[1]：又称为银氨溶液，工业上主要用于玻璃或器皿的镀银。

哦，好啊！我们一起加油吧！

但是服用药物的话，会出现打瞌睡且无法集中精神的副作用，

所以在比赛期间，他并没有服药。

真的，我们并没有事！

啊！

没错！

问题在于过敏！

士元他是过敏体质。

怎么会……

啊？

过敏体质？

嗯，对于一般人或许没有任何问题，但对于士元而言，有些物质的确会造成过敏反应！

不过，就算对方是故意的……

老师!

士元!

醒醒啊!

啊!黎明小学的江士元同学突然倒地了。

这是怎么回事呢?

士元!

目前医护人员尚未到场处理，不知道要不要紧？

以目前的情势来看，黎明小学将会面临很大的考验。

哦，医护人员已经到了现场。

黎明小学的江士元同学因身体不适，宣布弃权。

但是比赛会照常进行，比赛时间也不会有任何更改。

太离谱了！

哼……

111

没错，我们现在应该专心做实验！

氯化锶
硫酸铜
氯化铜

好，开始吧！

我们的氧气与反应实验！

等等，
我有一个问题。

嗯？

？

我想先确认一件事情。
我不确定我们要做的实验，
是否符合今天的比赛主题。

应该说我记得
曾经读过……

这项实验的
原理跟元素的
特性有关。

没错。

去年我们也碰到过类似的比赛主题，

当时多亏田在远选定了这项实验，才让我们得以进入决赛。

必须充分了解元素和电子的概念，是一项既有难度又华丽的实验。

我想这一定会是最符合主题的实验吧？

那么，氧气和反应的原理是……

这个嘛，当然是这项实验的基础**燃烧啰**！

燃烧？

没错，燃烧的必备条件有三个！就是超过燃点的温度、可燃物以及氧气（助燃物）。

氧气

可燃物

超过燃点的温度

没有氧气，就不会有燃烧！

115

目前这4种金属线分别产生不同颜色的火焰!

这看起来……

哗啊啊啊

哎哎哎

很像烟火秀呢!

各种颜色的火焰正绽放着耀眼的光芒呢!

是的,正是如此。烟火秀也是利用不同物质燃烧时产生不同的颜色的原理。

砰砰

砰

砰

接着分别加入硫酸铜、氢化锶、氧化铜，并使其溶解。

唰啦

唰啦

接下来各加入200毫升的甲醇，均匀混合后，

硫酸铜

倒入杯口盖着纱布的另一个烧杯内，以便过滤没有完全溶解的结晶体。

咕噜噜

接着将过滤后的溶液装入喷雾器内，

然后轮流喷向酒精灯的火焰。

咕噜噜……

过氧化氢分解实验

实验报告	
实验主题	了解过氧化氢分解时生成的气体，以及协助快速反应的催化剂所扮演的角色。
准备物品	❶量筒（300毫升） ❷水槽 ❸固体碘化钾 ❹过氧化氢 ❺洗洁精 ❻橡胶手套 ❼火柴 ❽食用色素 ❾药匙 ❿线香 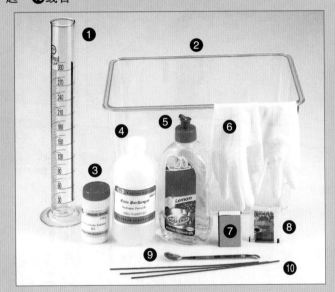
实验预期	在过氧化氢分解释放氧气的反应中，其反应速度会因碘化钾而加快。
注意事项	❶ 实验用过氧化氢是一种容易腐蚀皮肤的高浓度物质，使用时请勿直接接触皮肤。 ❷ 进行实验时，请保持一定的距离，以免反应中产生的气泡喷到脸部。

实验方法

❶ 先将量筒放入水槽内，接着将过氧化氢50毫升倒入量筒内。此时应佩戴手套，以免过氧化氢直接接触皮肤。

❷ 在量筒内加入适量洗洁精与食用色素，以方便观察反应结果。

❸ 加入固体碘化钾2克，并进行观察。

❹ 起化学反应后，将点燃的线香靠近泡沫，并确认其后续反应。

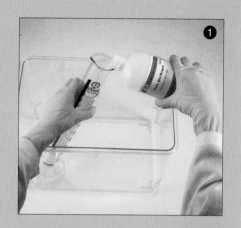

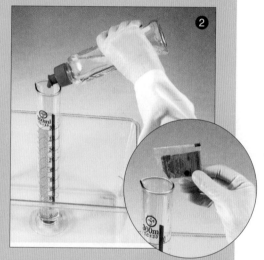

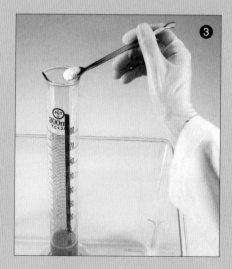

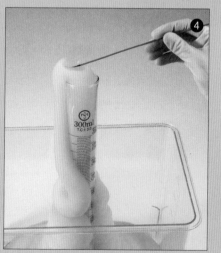

实验结果

❶ 当把固体碘化钾倒入过氧化氢内时，过氧化氢开始快速起泡，泡沫从量筒口溢出。

❷ 将点燃的线香靠近泡沫时，留有余烬的线香迅速复燃，燃烧速度也变得更快。

 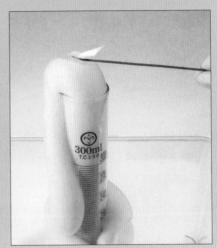

这是什么原理呢?

　　过氧化氢是不稳定的化合物，会在常温下逐渐分解成氧气和水，此时固体碘化钾则是扮演加快反应速度的催化剂角色。催化剂能改变化学反应所需的起始能量（活化能），从而改变化学反应的速度，但在反应前后，催化剂本身质量不变。在上述实验中，之所以会添加洗洁精和食用色素，是因为有颜色的泡沫能更清楚地观察反应结果。而将点燃的线香靠近泡沫，则是为了通过线香的火势变得更旺的现象，确认泡沫中释出的气体为氧气。

也可以用马铃薯代替碘化钾作为催化剂哟！

博士的实验室2 物质的反应

啊，好痛！

恼人的白发！这样下去很快就会变成白老鼠了呢！

哎哟，身为科学家，怎么可以为那种芝麻小事感到悲伤呢？

所有的反应，都只是物质的变化罢了。

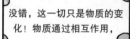

没错，这一切只是物质的变化！物质通过相互作用，

改变原子的位置，进而变成其他物质，是正常的现象！

激动

沉思……

是的，做饭也包含了一连串的变化。

天气的变化，例如云层的生成和降雨，也是物质的变化。

进食后，人体进行消化的作用也是如此！

不过，也有一些不好的变化，例如铁会生锈或食物会腐烂。

哼！

没错，这也算不好的变化！

我得马上让它停止变化。

您这么做会变成秃头老鼠的！

第五部

谁是赢家？谁是输家？

哇啊啊……

聪明，你还记得士元提过的实验顺序吧？

搔头

嗯，大概……你让我仔细想一下！

心怡，你说过曾经做过这项实验，对吧？

嗯。

好，从现在起……

综合前面的内容，

当把氢氧化钠滴入硝酸银水溶液时，溶液中开始产生了黑褐色的沉淀物，

接着，随着稀氨水量的增加，黑褐色的沉淀物逐渐消失，溶液进而变回了透明无色。

我们只能……靠自己迎战了！

刚才调制的溶液就叫作多伦试剂，

接着加入葡萄糖水溶液2毫升，而且要混合均匀。

葡萄糖

沙

由于多伦试剂使用不当时容易发生爆炸，所以必须特别谨慎才行。

点头

因为了解这项实验过程的人，就只有我一个，

所以必须由我负责进行，可是……

葡萄糖溶液……

怎么都找不到药品呢？

氨水

氢氧化钠

硝酸银溶液

甲醛

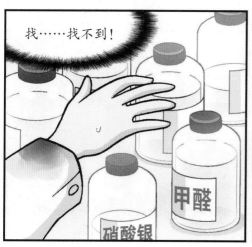

找……找不到！

甲醛

硝酸银

20%葡萄糖

唰

20%
葡萄糖

没错。

小宇，
谢谢你！

我并不是一个
人孤军奋战。我
绝对办得到！

嚓

20%
葡萄糖

加入
葡萄糖
溶液，

滴

一共要加
入2毫升，

滴

滴……

接下来……

在这儿！

将表面皿放置在装有水的烧杯上面，对吧？

把溶液倒在表面皿内就可以了吗？

咔嗒

对，没错。

哗啦啦

溶液变成黑色了呢！

现在只剩下加热的过程了！

咦，正在生成某种东西呢！

这是因为加热使反应变得更加快速的缘故。

现在就等一下吧！

你……你们……

知道在这项实验中，氧化和还原反应是……

如何发生的吗？

这个嘛，我只知道葡萄糖被氧化，

通过银的还原反应进而制得银镜这一件事。

怎么办呢？只凭这些是很难说明其原理的。

士元不在场，写实验报告还真有难度。

我……我们想办法重整一下好不好！

事到如今，不能就此感到气馁啊！

嗯嗯。

好好。

也就是说，氧化是与氧原子结合的反应，

铁生锈了

那是氧化反应。

就如同铁与氧气结合后生锈的原理。

没错，虽然不是很明白，

但是知道原子失去电子的反应，也就是氧化反应的一种呢！

氢……

电子……

原子……

嗯？

简单来说，原子是构成物质的最小单位，

电子

原子核

中心称为原子核，电子则是围绕着原子核。

啊！

我知道了！你指的就是我们做电的实验时，制造电流的那个电子，对吧？

没错！电流就是指电子的流动！

139

我绝不能就此认输!

咿咿!

小宇……

一闪

小宇,你没事吧?

嗯?

心怡?

紧张

啊! 现……现在这是代表心怡在安慰我?

欣喜若狂

吃惊

咦?

这是什么? 这不是士元留下来的血渍吗?

气死我了!

气炸

可恶! 在这么重要的时刻,真是扫兴!

哎呀! 好想马上用漂白水把它洗掉呀!

惊吓

啊?

你……你在说什么?

哈哈哈,没事,没事。

哎哟……

啊,漂白?

慢着!漂白该不会也在范围内吧?

好!先试了再说吧!

同学们,我们再来做一项实验吧!

啊?

嗯?现在?

咦?黎明小学的队员好像又在准备实验物品了。

刚刚不是已经结束了吗?这是怎么一回事呢?

如果使用实验主题无关的实验物品,在实验态度方面很有可能会被扣分。

找到了！

过氧化氢

嚓

嗯？

小宇，你打算做什么？

前进

疾步

你是打算彻底放弃这场比赛吗？

不，我之所以会这么做，就是不想放弃！

啊？

呼

你们……

用过漂白水吗？

145

咦？您说刚刚这是一项实验？

是的，这可是一项呈现血液催化过氧化氢分解过程的实验。

这么说来，不是由过氧化氢分解血液喽？

是的，这是血液中所含的过氧化氢酶，扮演将过氧化氢分解成氧气和水的催化剂角色，使反应加速，

接着再由反应生成的氧对血渍进行漂白。

过氧化氢　　　水　　　氧气

H_2O_2　过氧化氢酶　H_2O + O_2

血渍漂白

您……您的意思是……

这是一项完全符合主题"氧气与反应"的实验喽？

嗯！

竟然能够把在比赛中偶然发现的血渍运用到实验上！范小宇，真有你的！

148

不然呢？你该不会认为黎明小学更有胜算吧？

……

不是。

哈哈，所以你也认同大田小学会胜出了？

也不是。

什么？那你到底认为谁会赢啊？

……

起身

这场对决的关键，并不在于谁是赢家，而是……

谁是输家。

啊？

什么意思啊？

你给我讲清楚！

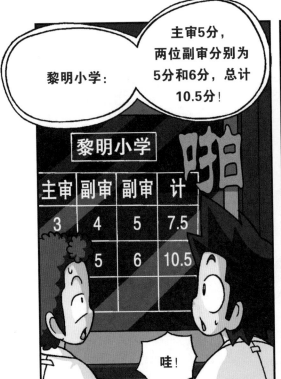

154

银镜反应实验

实验报告	
实验主题	物质和氧元素结合或失去电子时，称为"氧化"反应；相反，物质失去氧或得到电子时，称为"还原"反应。银镜反应实验可以利用氧化和还原的原理，制作出一面银镜。
准备物品	❶三脚架　❷稀氨水　❸氢氧化钠水溶液　❹葡萄糖水溶液　❺硝酸银水溶液　❻滴管4支　❼酒精灯　❽大烧杯　❾玻璃片　❿小烧杯　⓫火柴　⓬橡胶手套 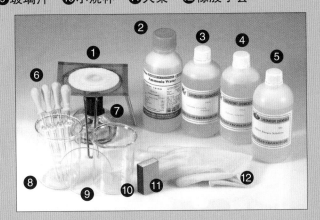
实验预期	通过溶液的氧化与还原反应，使硝酸银水溶液还原为金属银，进而制得镜子。
注意事项	❶ 表面皿应擦拭干净，以利于银原子附着。 ❷ 请务必佩戴手套，以免硝酸银水溶液碰到皮肤。 ❸ 由硝酸银水溶液和氨水所制成的氢氧化二氨合银溶液，是在空气中容易发生爆炸的药品，请务必于实验前制作并立即使用。

实验方法

① 戴上橡胶手套，将硝酸银水溶液5毫升倒入烧杯内。

② 利用另一支滴管取3毫升氢氧化钠水溶液，滴入装有硝酸银水溶液的烧杯，并摇晃，以便确认产生沉淀物。

③ 接着再利用另一支滴管逐渐加入稀氨水，摇动使其混合反应，直到杯中沉淀物恰好完全溶解为止。然后再加入20%的葡萄糖溶液2毫升，并轻轻摇晃使其均匀混合。

④ 将溶液倒在表面皿上，放置于装有水的大烧杯上面，接着再将烧杯放置于三脚架上，并用酒精灯加热。

实验结果

通过溶液的反应，使表面皿背面形成一层银薄膜，从而制得可反射事物的银镜。

这是什么原理呢?

当还原性极强的葡萄糖水溶液和氢氧化二氨合银溶液起反应时，葡萄糖便会被氧化，而氢氧化二氨合银溶液内的银离子则被还原为金属银。此时，银原子开始堆积于表面皿的内壁，并形成一层薄膜，从而制成银镜。

第六部

大病初愈

听说你们就是去年的冠军队伍啊?

是!

照理来说，你们应该很清楚实验内容有瑕疵才对啊!

不是吗?

有……有瑕疵?我们做的可是氧气与反应中最具代表性的燃烧实验!

再加上依元素的种类，完美演绎了呈现不同颜色的光之原理!

160

毕竟我们原本也只是实验的配角嘛！我们的角色就是田在远的助理，就是这样。

结果竟然试图要超越田在远，简直是想得太美了！

我们根本只是一个不具任何实力的实验团队！

所以总是只能扮演配角喽！

现在该回去了，我们的角色已经演完了！

我们所扮演的……

就是一群稻草人的角色……

谁叫你企图用那种卑劣的手段取胜，也难怪变成稻草人。

你说什么？

怎样？

你以为我们不知情吗？

呼呼，你们一定会比不，任何人都清楚。

你们又何尝不是跟我们一样的遭遇？

少了一个江士元，就只能拿到24.5这么低分的实验社！

不，我们跟你们不一样！

虽然分数不高，但我们三个人是以主角的心态得了值得骄傲的分数。

反观你们，即便已经过了一年之久，实验社的主角仍然是田在远。

吃惊

这不是田在远说过的话？

你们给我听清楚！

嚓

实验社是由四个成员结合而成的"化合物"！

假如少了其中一个，就要懂得如何结合成另一种面貌的物质！

而不是以卑劣的手段企图维持原来的面貌！

新的化合物！

没错，我们或许也可以成为一个崭新的实验社。

却选择活在田在远的阴影之下。

我们应该认定自己的实力，

付出更多的努力才对。

但在这段时间……

小宇……

我问你……

哼！

你知道刚刚你讲的话是什么意思吗？

别再小看我了！揍你哟！

发飙！

真没想到你有这种智慧，你真的是太酷了！

我本来就很酷啊，心怡。

167

好，
我们也回去吧。

去……去哪里？

当然是去探望
江士元喽！

哈哈

天啊！平常总是"将帅不能
相见"的你，在内心深处也
挂念着江士元啊？

哼

真是
如此吗？

呵呵，见到那家
伙现在那可怕的模
样，心怡一定会
感到失望的。

嘻嘻嘻嘻

孩子们，
你们辛苦了！

老师也快去
准备嘛！

嗯？

沙沙

我过几天就要出院了，何必大费周章跑来这里？

真的？

你这么快就可以出院了吗？

臭个性……

上下打量

太好了！

嘟嘟嘟嘟嘟

哼，我还以为是变成这副德行呢！

肿肿

啧……

气死我了，真是让人失望透顶！

失望透顶？

你是在说比赛的结果吗？那丢脸的分数又是怎么回事？

那只不过是运气不好罢了!

跨步 向前

谁叫你安排一个那么复杂又困难的实验!

跨步 向前

发飚!

要是你在场,难道结果就会不一样吗?

失败的原因很简单!

砰

嗯?

可以说是做这个实验常发生的现象。

银镜反应是在混合所有溶液后,

混浊 混浊

准备加热前就已经开始了,对吧?

你怎么会知道?

对!

在镜子已经形成的状态下加热的话，

反而会让原本附着的镜面开始剥离。

这家伙，果然非常清楚失败的原因！

这么说，就连我们所不了解的理论也……

那……那么，氧化和还原反应是怎么产生的？

氧化反应是……简单来说，就是物质与氧结合的反应，但其实有一种更为复杂的理论。

氧化反应

氧 + 物质 → 氧化物

物质

物质

但是，有一件事情在这个过程中必然会发生，就是失去电子。

所以不仅是与氧直接结合的情形，

失去电子的反应，也同样归为氧化反应。

头晕

头晕

头晕

174

175

总之，你们能够赢得比赛，还真是令人匪夷所思。

你这小子！

难道我还要再苦读2500年？

你应该不止吧？

你知道当下最令人匪夷所思的是什么吗？就是我们实验社里竟然有你这种人，

也不想想别人对你有救命之恩，你不但不感恩图报，竟然还忘恩负义！

救命之恩？哼，你又没有帮我治疗。

你们看看！我就知道他会装作没这回事！

嗯，士元……

你不记得了吗？是小宇救了你一命。

你在说什么？

哈哈

哼！

177

179

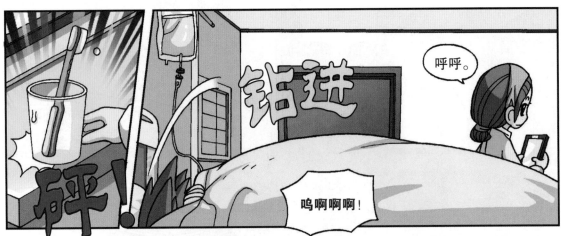

再说，你的女同学还蛮可爱的嘛！

人缘不错哟，士元！

女同学？

不……不是！

总……总之……

不是你想的那样！

嗯……

我看还是先排定
练习时间好了。

布告栏

练习室时间表

布告栏

练习室时间表

嗯

可能是遭淘汰
的学校变多了,
所以空出了很多
的时间。

嗯?

咦?艾力克!
好久不见。

嗯，好久不见。

你也是过来预约
练习室的吗？

点头

你们也晋级到第三轮
了吧？

……

我总是感到
像参加初赛一样
紧张，你呢？

我倒是……

有着不同
的感觉。

刚开始我只是
当作一场游戏，

但现在呢，
会让我有一点紧张。

183

什么是物质

物质是指在我们周围看得到、感受得到、触摸得到的所有东西，物质具有一定的质量与体积。石头、空气、水、金属，乃至人体，都属于物质。现在开始，我们就来探究在我们周围以各种形状存在的物质以及它们的特征吧！

物质的结构

所有物质都由分子、原子、离子等基本粒子构成。原子的中心有原子核，内部包含中子和质子，而原子核的周围围绕着电子。具有相同核电荷数(质子数)的同一类原子称为元素，而一种原子又可以与其他原子构成特定的化合物。元素与化合物均为纯物质，而保持纯物质的化学性质的最小粒子，则称为分子。

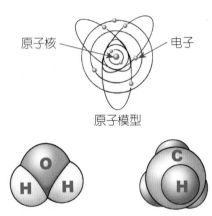

原子核　电子

原子模型

水（H_2O）分子模型　　甲烷（CH_4）分子模型

物质的状态

物质分为维持固定形态的固体、维持固定体积但形状可随容器变化的液体，以及形状与体积皆不固定的气体三种形态。固体变成液体的现象称为"熔化"，例如冰块加热后变成水；液体变成固体的现象称为"凝固"，例如水结冰变成冰块。液体变成气体的现象称为"汽化"，例如洗过的衣服渐渐变干燥；气体变成液体的现象称为"凝结"，例如空气中的水汽变成露水；固体直接变成气体的现象称为"升华"；气体直接变成固体的现象称为"凝华"。

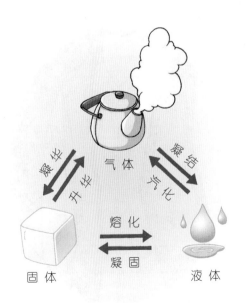

凝华　气体　凝结
升华　　　汽化
熔化
固体　凝固　液体

水的状态变化

物质的特性

　　每一种物质都具有其特有的颜色与气味、沸点与熔点、溶解度与密度等特性，而这些特性就是区分物质的依据。

表面特性 可由物质表面观察得知的特性，例如颜色、硬度、光泽、触感、结晶形状等。

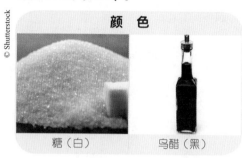

颜　色

糖（白）　　　　乌醋（黑）

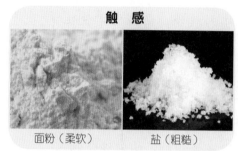

触　感

面粉（柔软）　　　盐（粗糙）

颜　色

硫（黄色）　　　硫酸铜（蓝色）

结晶形状

石英（六棱柱状）　　氯化钠（面心立方）

熔点、凝点、沸点 固体变成液态的温度称为"熔点"；液体变成固态的温度称为"凝点"；液体沸腾时的温度称为"沸点"。其数值会随着物质的种类而有所改变。

溶解度 溶液是溶质溶解于溶剂后所制得的混合物。在一定温度下，100克溶剂所能溶解溶质的最大质量称为这种溶质在这种溶剂中的"溶解度"；当溶剂中所能溶解的溶质已达最大量，此时的溶液称为"饱和溶液"。

密度 密度是单位体积物质的质量（质量除以体积），是物质的一种特性，不随物体自身的质量或体积的变化而变化。

注意：鸡尾酒是利用液体密度不同所制成的饮料。未成年人不能饮酒！

物质的分类

元素 指自然界中一百多种基本的金属和非金属物质，它们只由一种原子组成。

化合物 两种以上的元素以特定的比例结合，需经化学变化才能将它分解成元素。

物质的分类

混合物 两种或两种以上的纯物质相混合，没有一定的组成及特性。混合物中的物质均具有各自特有的原本性质，根据其成分物质的纯度又区分为均匀混合物和不均匀混合物。

混合物的分离

过 滤 过滤是利用过滤装置将固体和液体的混合物分离。如果其中混合了两种固体，先用溶剂将其中一种物质溶解后，再进行过滤。举例来说，当盐和沙子混合在一起时，先将其倒入水中使盐溶解后，再用滤纸将沙子过滤出来。

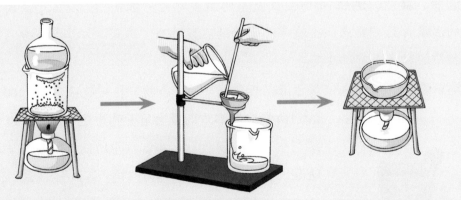

1. 把混合物放入烧杯内加热时，沸点最低的萘丸经过升华，接触冰冷的烧瓶后变为固体，并呈现分离状态。

2. 接着将剩余物质溶解于水，用滤纸过滤时，滤纸上只会残留沙子。

3. 接着将过滤的盐水倒入蒸发皿，利用酒精灯加热后，即可取得盐。

利用过滤装置分离萘丸、沙子、盐的混合物。

色层分析法 利用色素在固体上附着力的差异，来分离混合物的方法。具有类似性质的混合物，也可以利用这个方法加以分离。主要用于分离叶绿素、墨水或进行违禁药物测试等。

萃取 利用有机化合物在两种不互溶的溶剂中的溶解度不同，将被萃取液中的混合物分离的方法。常用的溶剂包括水、酒精、乙醚、苯、乙酸乙酯等，主要用于工业分离和提炼，例如使用苯分离煤焦油中的酚。

分馏 对液体混合物进行加热，利用沸点差，将混合物加以分离的方法。主要用于原油的分离。

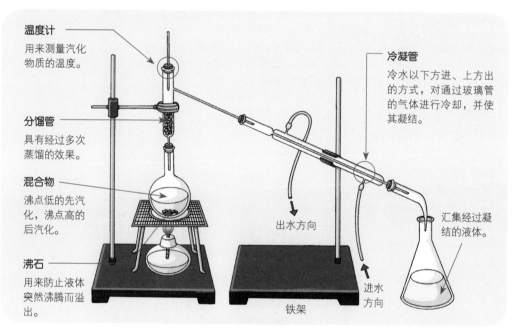

温度计
用来测量汽化物质的温度。

分馏管
具有经过多次蒸馏的效果。

混合物
沸点低的先汽化，沸点高的后汽化。

沸石
用来防止液体突然沸腾而溢出。

冷凝管
冷水以下方进、上方出的方式，对通过玻璃管的气体进行冷却，并使其凝结。

汇集经过凝结的液体。

出水方向

进水方向

铁架

分馏装置的结构

小贴士 日常生活中分离混合物的方法

❶ 若将稻谷放入盐水中，内部饱满的会沉入水底，而空心的则会浮在水面上。

❷ 若将鸡蛋放入盐水中，新鲜的会沉入水底，而不新鲜的则会浮在水面上。

❸ 若将挟带沙金的矿沙放在盘子里，并放入流动的河流中摇晃，密度比较大的沙金会沉积在盘子上，而矿沙则会随水流走。

❹ 若将挟带杂质和谷糠的谷物放在簸箕内摇晃，谷糠会飘散，而沙子或石头会集中于簸箕的内侧，从而分离出谷物。

利用簸箕扬米去糠的农夫
农夫们懂得运用物质的密度差将混合物加以分离。

图书在版编目（CIP）数据

物质的特性/韩国小熊工作室著；(韩)弘钟贤绘；徐月珠译. —南昌：二十一世纪出版社集团，
2018.11（2025.3重印）

（我的第一本科学漫画书.科学实验王：升级版；13）

ISBN 978-7-5568-3829-5

Ⅰ.①物… Ⅱ.①韩… ②弘… ③徐… Ⅲ.①物质—少儿读物 Ⅳ.①04-49

中国版本图书馆CIP数据核字(2018)第234066号

版权合同登记号：14-2010-411

我的第一本科学漫画书

科学实验王升级版❸物质的特性　　[韩] 小熊工作室/著　　[韩] 弘钟贤/绘　　徐月珠/译

责任编辑	邹　源
特约编辑	任　凭
排版制作	北京索彼文化传播中心
出版发行	二十一世纪出版社集团（江西省南昌市子安路75号　330025）
	www.21cccc.com（网址）　cc21@163.net（邮箱）
出 版 人	刘凯军
经　销	全国各地书店
印　刷	江西千叶彩印有限公司
版　次	2018年11月第1版
印　次	2025年3月第10次印刷
印　数	70001～79000册
开　本	787 mm × 1060 mm 1/16
印　张	12
书　号	ISBN 978-7-5568-3829-5
定　价	35.00元

赣版权登字-04-2018-411

购买本社图书，如有问题请联系我们：扫描封底二维码进入官方服务号。服务电话：010-64462163（工作时间可拨打）；服务邮箱：21sjcbs@21cccc.com 。